Jean de Dieu Ndikumana
F. W. Nguimatsia Dongmo
A. T. Bolarinwa

Uma revisão das origens e ocorrências da mineralização 3Ts no Ruanda

Jean de Dieu Ndikumana
F. W. Nguimatsia Dongmo
A. T. Bolarinwa

Uma revisão das origens e ocorrências da mineralização 3Ts no Ruanda

ScienciaScripts

Imprint

Any brand names and product names mentioned in this book are subject to trademark, brand or patent protection and are trademarks or registered trademarks of their respective holders. The use of brand names, product names, common names, trade names, product descriptions etc. even without a particular marking in this work is in no way to be construed to mean that such names may be regarded as unrestricted in respect of trademark and brand protection legislation and could thus be used by anyone.

Cover image: www.ingimage.com

This book is a translation from the original published under ISBN 978-620-2-05810-0.

Publisher:
Sciencia Scripts
is a trademark of
Dodo Books Indian Ocean Ltd. and OmniScriptum S.R.L publishing group

120 High Road, East Finchley, London, N2 9ED, United Kingdom
Str. Armeneasca 28/1, office 1, Chisinau MD-2012, Republic of Moldova, Europe
Printed at: see last page
ISBN: 978-620-7-85572-8

ÍNDICE DE CONTEÚDOS

Capítulo 1   **3**

Capítulo 2   **21**

Capítulo 3   **31**

RESUMO

O Ruanda está geologicamente situado na Cintura de KaragweAnkole, no centro da África Oriental. A Cintura de Karagwe Ankole (KAB) está separada da Cintura de Kibara (KIB) por um terrena rusiziano paleoproterozóico e ambas formam cinturas mesoproterozóicas corogénicas da África Central. A KAB, que abrange o Ruanda, o Burundi, o sudoeste do Uganda e o noroeste da Tanzânia, e a KIB acolhem em conjunto uma grande província metalogénica composta por numerosos depósitos de minérios de metais raros mineralizados em nióbio-tântalo (Nb-Ta), estanho (Sn) e tungsténio (W). Estes minerais foram designados 3T e ocorrem em Nb-Ta-Snpegmatites, depósitos hidrotermais de veios de quartzo W-Sn e Sngreisens, que são componentes de um sistema metalogénico composto relacionado com a geração de granito (G4-granito ou granito fértil) que ocorreu a 986 ± 10Ma. A composição do fluido hidrotermal é H O-CO_{22} - CH -N_{42} -NaCl, e este fluido é caracterizado por uma salinidade baixa a moderada (2,7-14,2 eq. wt.%NaCl), alta pressão (~100MPa) e temperatura mesotérmica (~300°C). A composição isotópica dos fluidos indicou que os veios de quartzo mineralizados são muito mais susceptíveis de serem formados a partir do fluido submetido principalmente a processos metamórficos, em equilíbrio com rochas magmáticas (granito G4) a partir das quais os metais precipitados presentes foram remobilizados e foram depositados em locais preferenciais favorecidos, dentro de rochas metassedimentares, sob controlos estruturais e litológicos. Este artigo deve uma breve descrição do estado atual das opiniões sobre a mineralização de 3Ts no Ruanda.

Palavras-chave: Cintura de Karagwe-Ankole, cintura de Kibara, cassiterite, columbite-tantalite, volframite, Ruanda

Capítulo 1

1.Introdução

1.1 Antecedentes

O Ruanda é um pequeno país montanhoso sem litoral na região dos Grandes Lagos de África. O país faz fronteira com a República Democrática do Congo (RDC), o Uganda, a Tanzânia e o Burundi, e está localizado a $S2^0$ 00.00' de latitude e $E030^0$ 00.00' de longitude. A área terrestre total é de cerca de 24 950 km^2 , e os lagos interiores cobrem cerca de 1390 km^2 (Safari, 2010). O Ruanda está situado na parte sudoeste da cintura nordeste de Kibara (KIB), no centro da África Oriental. O cinturão de Kibara estende-se de Katanga RDC, através do Burundi, Tanzânia ocidental, Ruanda, e nordeste a sudoeste do Uganda. A cintura de Kibara é constituída por rochas compostas da idade paleo-mesoproterozóica. A cintura de Kibara é conhecida pela sua abundância de mineralização de nióbio-tântalo (Nb-Ta), estanho (Sn), tungsténio (W) e ouro (Au) (Pohl, 1994).

No Ruanda, as mineralizações de Nb-Ta, Sn, W ocorrem principalmente em pegmatitos e veios de quartzo (Pohl & Gunther, 1991; Pohl, 1994; Dewaele et al., 2007). Os metais existem em várias formas de mineralização consideradas como depósitos de minério relacionados com o granito (por exemplo, Tack et al., 2010, De Clercq 2012, Dewaele et al., 2011, 2016a).

Ocorrem como mineralização primária na forma de pegmatitos, veios de quartzo e greisen, mas também como mineralização secundária em depósitos aluviais ou eluviais.

Existem duas grandes gerações de granito que intrudiram as rochas do Kibaran do KAB. A primeira geração é a intrusão dos granitos G1-3 que ocorreu a 1380 ± 10 Ma (idade U-Pb SHRIMP zircão, Tack et al., 2010). Neste período geológico, em 1375Ma, houve um emplacement proeminente de biomodalmagmatismo (granítico e máfico) sob o regime extensional do evento Kibaran na África Central. Por outro lado, a segunda geração, que é a intrusão do granito G4 (ou o chamado "granito fértil"), formou-se a 986 ± 10 Ma (idade U-Pb SHRIMP zircão, Tack et al., 2010). Considera-se que os pegmatitos mineralizados e os veios de quartzo estão relacionados com o granito G4.

1.2 Configurações geológicas

1.2.1 Geologia regional

Os paleo-mesoproterozóicos KAB e KIB surgiram através de um evento orogénico regional entre três domínios pré-mesopreterozóicos, o cratão arqueano da Tanzânia a leste, o Bangweulublock a sul e o cratão arqueano-paleoproterozóico do Congo a oeste e a norte (Fig.1).

Na parte norte da orogenia Kibara, que abrange o Ruanda, o Burundi e o Kivu, o granito subdividiu-se em três tipos (G1-3) e intrudiu as rochas paleo-mesoproterozóicas datadas de 1380±10Ma. A cristalização destes granitos não resultou em concentrações de depósitos de metais raros com valor económico. Mais tarde, em 986±10Ma, a geração de granito conhecida como granito G4 (granito fértil, granito de metal raro ou granito de estanho) resultou na colocação de depósitos de metais raros (Tack *et al.*, 2006, 2010; Dewaele *et al.*, 2011).

A cintura de Karagwe-Ankole e a cintura de Kibara compreendem uma sequência flutuante de sedimentos pelíticos e carbonatados, vulcânicos menores e dolerite. As configurações estruturais, a estratigrafia e o metamorfismo da orogenia de Kibara estão bem documentados por autores anteriores (por exemplo, Pohl, 1987, 1994; Tack et al., 2006, 2010; Dewaele et al., 2011; Fernandez-Alonso et al., 2012; De Clercq, 2012; Hulsbosch et al., 2017). A cintura de Kibara é conhecida pela colocação dos metais raros nióbio-tântalo (Nb-Ta), estanho (Sn), tungsténio (W) e ouro (Au). A colocação primária de Sn foi observada em fases portadoras de hidroxila de granitos e mineralização hospedada nos pegmatitos e / ou veios de quartzo, o W ocorreu em veios de quartzo hidrotermais foi geoquimicamente originado dos granitos férteis, e uma interação decisiva fluido-rocha induziu depósitos de tungstênio (Dewaele et al., 2015; Sanchez et al., 2017). O Nb-Ta em pegmatito foi principalmente precipitado por fluido hidrotermal conduzido nos pegmatitos originais que foram posteriormente alterados por processos hidrotermais (Pohl, 1994; Romer e Lehmann, 1995; Dewaele *et al.*, 2011).

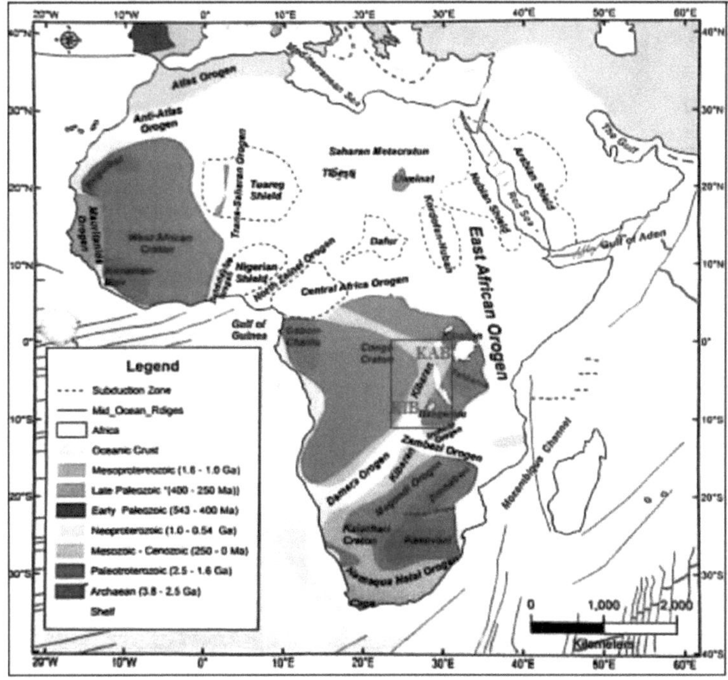

Fig.1: Mapa geológico de África mostrando as zonas cratónicas, KAB e KIB, com as respectivas idades de formação da crosta (modificado de Clifford, 1970; Gubanov e Mooney, 2009).

1.2.2 Geologia do Ruanda

O Ruanda está subjacente às rochas da Orogenia de Kibara, que consistem predominantemente em rochas basais e mezoproterozóicas (ca. 1.6-1.0Ga), e foram intrudidas por rochas de evento magmático bimodal (rochas graníticas e máficas) (Tack *et al.*, 2010). Na cintura de Kibaran, incluindo o Ruanda, existe mineralização de estanho (Sn), nióbio-tântalo (Nb-Ta), tungsténio (W) e ouro (Au), que ocorre principalmente nos pegmatitos, veios de quartzo de areia greisen em relação ao granito G4 (BRGM., 1987; Dewaele *et al.*, 2010; Fig.2). A geologia do Ruanda consiste em formações proterozóicas médias (meso) com idade terciária, vale do rift da África Oriental, cobertura vulcânica no Kivu do Sul, Cyangugu e nas montanhas Birunga do noroeste.

Estas formações mesoproterozóicas compreendem três unidades litológicas principais: sequências metavolcânicas e metassedimentares de grau baixo a médio, grandes batólitos de granito (com inliers de rochas básicas e metassedimentares) e grandes complexos de metassedimentos de grau elevado a anfibolitos com granito, greisens e migmatitos. Os sedimentos no Ruanda foram subdivididos em quatro grupos estratigráficos, do mais antigo ao mais novo, que são os grupos Gikoro, Pindura, Cyohoha e Rugezi (Baudet et al., 1988; Dewaele *et al.*, 2010; Fernandez-Alonso *et al.*, 2012).

O padrão geral do domínio Meso-Proterozoico em Ruanda compreende núcleos resistentes (unidades de alto grau) caracterizados por deformação fraca separados por "Zonas Intensamente Deformadas", notadas como Zonas de Cisalhamento (Fernandez-Alonso & Theunissen, 1998).

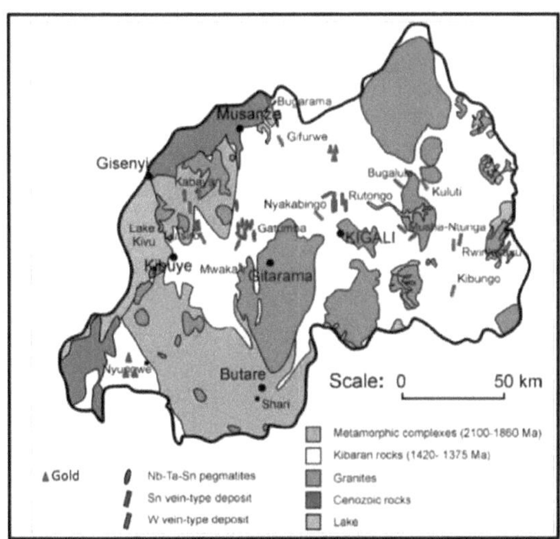

Fig.2. O mapa geológico do Ruanda mostrando os depósitos de minério (modificado após Fernandez-Alonso et al.,2007; DeClercq, 2012; localizações dos principais depósitos de minério após Baudin et al.,1982).

De um modo geral, o Ruanda alberga um grande número de minerais, sendo os principais produtos, economicamente extraídos atualmente e no passado, a cassiterite (SnO_2), a niobo-tantalite também designada por colombo-tantalite ou coltan $(Nb,Ta)_2O_5$ e a Wolframite $(Fe,Mn)WO_4$ (Fig. 3, 4). Os produtos de menor importância (minerais acessórios) encontrados em associação são o berílio ($Be_3Al_2Si_6O_8$), o espoduménio

($LiAlSi_2O_6$),ambligonite$(Li,Na)AlPO_4(F,OH)$,monazite$(Ce,La,Nd,Th)PO_4$,turmalina$(Ca,K,Na)(Al,Fe,Li,Mg,Mn)_3(Al,Cr,Fe,V)_6(BO_3)(Si,Al,B)_6O_{18}$eouro(Au) (Bertossa,1967,

Minirena unpublished archives., 2012). A tabela 1 resume os principais depósitos de minério extraídos no Ruanda e as suas ocorrências.

Tabela 1: Os principais depósitos de minério, minas representativas e ocorrências no Ruanda (BRGM., 1987; observações pessoais)

Ore mineral	Occurrence	Typical local mine
Columbite-tantalite	mineralization occurs in pegmatites	Gatumba, Nyarusange, Ruli
Cassiterite	mineralization occurs in quartz veins, greisen and pegmatite	Rutongo,Rwinkwavu,Musha-Ntunga, Gatumba
Tungsten	mineralization occurs in quartz veins	Nyakabingo, Gifurwe and Bugarama

Ocorrem como mineralização primária nos pegmatitos, greisens e veios de quartzo, mas também durante a mineralização secundária em depósitos aluviais ou eluviais (por exemplo, Dewaele *et al.*, 2011; observações pessoais).

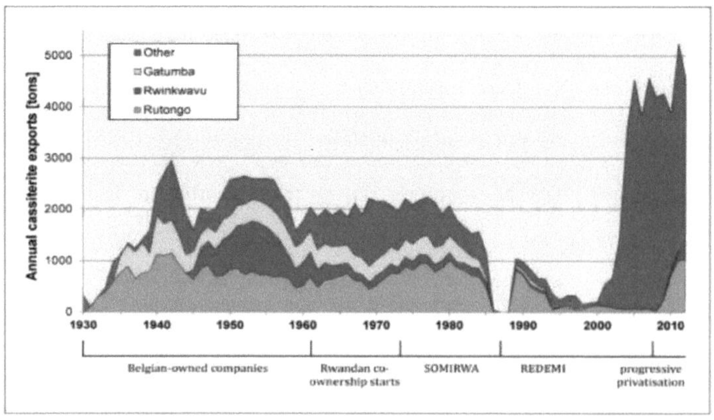

Fig.3: A produção exportada de concentrados de cassiterite do Ruanda (Schutte, 2014).

Columbite-tantalite encontrada em associação com a mineralização de cassiterite em pegmatitos, devido à crescente procura do metal tântalo na atual industrialização tecnológica, o coltan (minério de tântalo) só se tornou economicamente relevante em tempos mais recentes, ultrapassando mais tarde o minério de estanho (cassiterite) e o minério de tântalo tornou-se o principal produto de exportação em 2012.

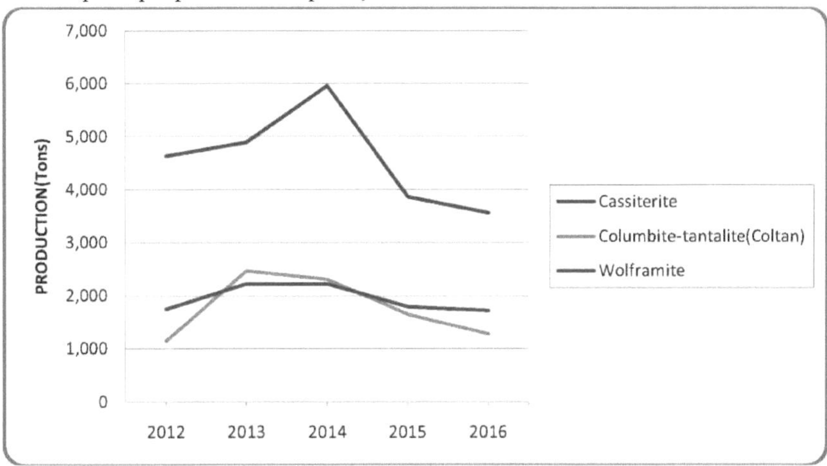

Fig.4: Produção histórica de minerais 3Ts em 5 anos passados, Ruanda (BNR,2017)

A Fig.4 indica a produção anual de 3Ts nos cinco últimos anos em que 2014, o Ruanda registou o maior exportador de minério de estanho na região (BNR, 2017). Posteriormente, a produção diminuiu drasticamente devido aos preços que caíram nos mercados internacionais.

Pelo contrário, a elevada procura de coltan foi recentemente causada pelo aumento da procura por parte dos mercados emergentes e dos países recentemente industrializados da Ásia e da América do Sul, que estão a registar um rápido crescimento económico.

1.2.3 Revisão de trabalhos anteriores sobre pegmatitos

1.2.4 .1 Revisão de trabalhos anteriores sobre pegmatitos de forma global

Os pegmatitos são rochas intrusivas de grão muito grosseiro, compostas por grãos entrelaçados com dimensões superiores a 2,5 cm e que podem atingir os 10 m. São geralmente de composição granítica e consistem em cristais invulgarmente grandes de quartzo, feldspato e muscovite (*USGS 2009*). Os pegmatitos formam normalmente diques ou massas semelhantes a silhares em áreas ocupadas principalmente por rochas de outros tipos. Formam-se durante a segregação magmática em magmas graníticos em que a fusão residual pode ser enriquecida em elementos de terras raras e metais pesados.

Há mais de um século que os pegmatitos graníticos são objeto de investigação por parte de petrologistas e mineralogistas. O interesse mineralógico decorre da diversidade de minerais raros que alguns pegmatitos contêm. Os esforços petrológicos têm como objetivo resolver os processos ou agentes que produzem as texturas complexas e a heterogeneidade espacial que distinguem os pegmatitos dos granitos (David London e Daniel J. Kontak, 2012).

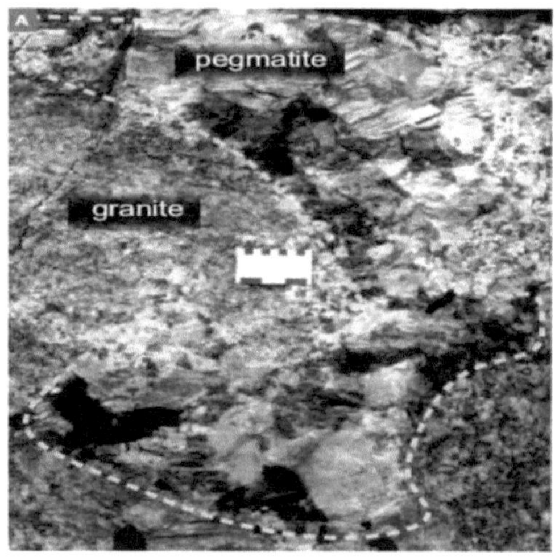

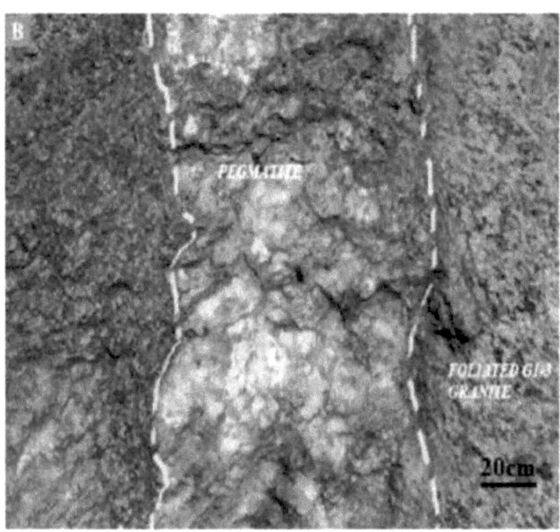

Fig 5: **(A)** : Uma segregação pegmatítica no granito, Middletown, Connecticut (EUA). A escala mede 9 cm. A linha tracejada amarela indica as margens do pegmatito. **(B)**: Um corpo de pegmatito intrudido em granito, Gitarama (Ruanda)

Nos EUA, os pegmatitos ocorrem em toda a região dos Montes Apalaches, desde o Alabama até Nova Iorque e, daí, para nordeste, até Connecticut, Massachusetts, New Hampshire e Maine. Na maior parte destes Estados, foram explorados comercialmente em maior ou menor grau. No Maine, os depósitos comerciais estão confinados em grande parte aos condados de Cumberland, Sagadahoc, Lincoln, Androscoggin e Oxford, embora os pegmatitos também ocorram em certa medida nos condados de Franklin, Kennebec, Waldo, Knox, Hancock e Washington (Edson S. Bastin, 1911).

Os pegmatitos graníticos miarolíticos do vale de Stak, na parte nordeste do maciço de Nanga Parbat-Haramosh, no norte do Paquistão, contêm localmente quantidades económicas de turmalina bicolor e tricolor. Os pegmatitos formam soleiras planas que variam de menos de 1 m a mais de 3 m de espessura e mostram uma zonação interna simétrica. Uma estreita zona exterior ou fronteiriça de oligoclase--K-feldspato-quartzo de granulometria média a grosseira gradua para o interior para uma zona de parede de granulometria muito grosseira caracterizada por K-feldspato-oligoclase-quartzo-turmalina escorregadia (Laurs, B. M., et al., 1998).

Pegmatitos de microclina-muscovita-quartzo no Nordeste do Brasil produziram aproximadamente 600 toneladas métricas de tantalita e 8000 toneladas métricas de berilo, entre 1937 e 1944. Outros minerais económicos são a cassiterite, a moscovite, a amblygonite e o espoduménio. As rochas regionais são xistos e quartzitos pré-cambrianos intrudidos por granitos. Para além da albitização tardia da microclina, parece haver poucas evidências de que a diferenciação nos pegmatitos heterogéneos tenha resultado de uma série de substituições complexas. As evidências de campo parecem, antes, indicar a deposição num único ciclo com um aumento progressivo no tamanho do cristal das paredes para o centro (D Johnston, w., 1945). Ao contrário, os corpos de pegmatitos estudados em

Egipto representam uma parte das rochas basais no deserto do Sudeste do Egipto. Encontram-se sob a forma de bolsas lenticulares e corpos em forma de lençol. O levantamento radiométrico terrestre de alguns corpos de pegmatitos no granito Gabal Al Farayid revelou a presença de radioatividade anormal. A análise radiométrica de amostras de pegmatitos anómalos mostra que o seu teor de urânio equivalente (eU) varia entre 20 ppm e 200 ppm, enquanto o seu tório equivalente (eTh) varia entre 83 ppm e 587 ppm. (Ali, M. A., et al., 2005). Petrograficamente, os corpos de pegmatitos estudados são constituídos essencialmente por quartzo, k-feldspato, plagioclase e flocos de mica. A monazite, o zircão, a apatite, a fluorite e os opacos são acessórios.

1.2.3.2 Classificação dos pegmatitos

Os pegmatitos foram classificados por diferentes autores com base em diferentes características. A classificação foi resumida em duas abordagens (conceitos). O primeiro conceito centrou-se na localização geológica e dividiu os pegmatitos graníticos em cinco classes (abissal, moscovite, moscovite - elemento raro, elemento raro e miarolítico), tendo a maioria das classes sido subdividida em subclasses com características geoquímicas fundamentalmente diferentes. A subdivisão da maioria das subclasses em tipos e subtipos segue diferenças mais subtis nas assinaturas geoquímicas ou nas condições P-T de solidificação, articuladas em conjuntos variáveis de minerais acessórios. A segunda abordagem é a classificação petrogenética desenvolvida para pegmatitos derivados da diferenciação ígnea de pais plutónicos. Três famílias foram identificadas: uma família NYF com acumulação progressiva de Nb, Y e F (para além de Be, REE, Sc, Ti, Zr, Th e U), fraccionada a partir de granitos sub-aluminosos a meta-aluminosos do tipo A e I que podem ser gerados por uma variedade de processos envolvendo contribuições da crosta empobrecida ou do manto; uma família LCT peraluminosa marcada por uma acumulação proeminente de Li, Cs e Ta (para além de Rb, Be, Sn, B, P e F), derivada principalmente de granitos do tipo S, menos frequentemente de granitos do tipo I, e uma família mista NYF + LCT de diversas origens.(Cerny, P. e Ercit,

T.S., 2005)

Tabela 2: As quatro classes de pegmatitos graníticos cerny, 1991

Class	Family	Typical Minor Elements	Metamorphic Environment	Relation to Granite	Structural Features	Examples
Abyssal	-	U,Th,Zr,Nb,Ti,Y,REE,Mo Poor(tomoderate) mineralization	(upper amphibolite to)Low -to high-P granulite facies ~4.9kb ~700-800°C	None(segregations of anatectic leucosome)	Conformable to mobilized cross-cutting veins	Rae and Hearne Provinces, Sask. (Tremblay, 1978); Aldan and Anabar Shields, Siberia (Bushev and Koplus, 1980); Eastern Baltic Shield (Kalita,1965)

Muscovite	-	Li,Be,Y,REE,Ti,U,Th,Nb>Ta Poor (to moderate) mineralisation,micas and ceramic minerals	High-P,Barrovian amphibolite facies(kyanite-sillimanite) ~5-8 kb ~650-580°C	None(anatectic bodies) to marginal and exterior	Quasi-conformable to cross-cutting	White Sea region, USSR (Gorlov, 1975); Appalachian Province (Jahns *et al.*, 1952); Rajahstan, India (Shmakin, 1976)
Rare-Element	LCT	Li,Rb,Cs,Be,Ga,Nb<,>Ta,Sn,Hf,B,P,F Poor to abundant mineralisation,gemstock industrial minerals	Low -P,Abukuma amphibolite to upper greenschist facies(andalusite-sillimanite) ~2-4 kb	(Interior to marginal to) exterior	Quasi-conformable to cross-cutting	Yellowknife field, NWT (Meintzer, 1987); Black Hills, South Dakota---- (Shearer *et al*,

			~650-500°C			1987); Cat Lake-Winnipeg River field, Manitoba (Černy *et al.*, 1981)
	NYF	Y,REE,Ti,U,Th,Zr,Nb>Ta,F Poor to abundant mineralisation, ceramic minerals	Variable	Interior to marginal	Interior pods,conformable to cross-cutting exterior bodies	Llano Co., Texas (Landes, 1932); South Platte district, Colorado (Simmons *et al.*, 1987); Western Keivy, Kola, USSR (Beus, 1960

Miarolitic	NYF	Be,Y,REE,Ti,U,Th,Zr,Nb>Ta,F Poor mineralisation,gemstock	Shallow to sub-volcanic ~1-2 kb	Interior to marginal	Interior pods and cross-cutting dikes.	Pikes Peak, Colorado (Foord, 1982); Sawtooth batholith, Idaho (Boggs, 1986); Korosten pluton, Ukraine (Lazarenko *et al.*, 1973)

1.2.3.3 Revisão dos trabalhos anteriores sobre pegmatitos no Ruanda

1.2.3.3.1 Revisão dos trabalhos anteriores sobre pegmatitos na área de Gatumba

A área de Gatumba está situada na parte ocidental do Ruanda, a cerca de 50 km a oeste de Kigali (Fig. 2) e pode ser considerada como um distrito representativo para o estudo da mineralização de pegmatitos na KAB (Dewaele et al., 2007). As rochas de pegmatite inalteradas na área de Gatumba consistem predominantemente em microclina, K-feldspato, quartzo e moscovite. No entanto, as rochas hospedeiras dos pegmatitos mostram uma alteração intensa. A área de Gatumba é caracterizada pela presença de numerosos pegmatitos de metais raros, que são variavelmente mineralizados em columbitetantalita e/ou cassiterita. O berilo, o espoduménio, a turmalina, a apatite, a ambligonite e os fosfatos raros são os minerais acessórios mais importantes (Varlamoff.,1969).

Litoestratigraficamente, as rochas mesoproterozóicas da área de Gatumba pertencem ao Supergrupo Akanyaru (Fernandez-Alonso et al., 2012). O mapa geológico (folha Ruhengeri, escala 1/100.000; Royal Museum for Central Africa, 1991) combinado com o mapa litoestratigráfico da área de Gatumba (escala 1/250.000; Royal Museum for Central Africa, 1981) indica a presença dos Grupos Gikoro, Pindura e Cyohoha, entre os maciços graníticos de Gitarama e Kabaya. A área de Gatumba está situada entre dois corpos graníticos e consiste numa alternância de filitos e quartzitos mesoproterozóicos, caracterizados por um grau metamórfico variável (Gerards 1965). A diferença no grau metamórfico foi explicada pelo metamorfismo de contacto devido à intrusão dos granitos (Gerards 1965). As rochas sedimentares são intrudidas por diferentes gerações de intrusões máficas e pegmatitos. As rochas máficas são predominantemente doleritos e são interpretadas como pré-tectónicas (por referência a uma fase de compressão a ~1000 Ma), e são interpretadas como um evento sin-a pós-tectónico. Atualmente, existem muitas empresas mineiras na concessão de Gatumba, como a Successholding, a Rwandayoungminers, a Havestmining Company e outras. Estas

empresas têm sido atractivas para os pegmatitos de metais raros que culminaram em

Mineralização de nióbio-tântalo e estanho em Gatumba.

1.2.3.3.2 Revisão dos trabalhos anteriores sobre pegmatitos na área de Musha Ntunga

A área de Musha-Ntunga está situada na província oriental do Ruanda, que faz parte do KAB

mesoproterozóico. Existem quatro formações litoestratigráficas que ocorrem na área (de

baixo para cima): as formações Nyabugogo, Musha, Nduba e Bulimbi. As primeiras três

formações fazem parte do Grupo Gikoro, que é o grupo mais antigo do Supergrupo Akanyaru,

a restante Formação Bulimbi é parte do Grupo Pindura do Supergrupo Akanyaru (Baudet,.et

al., 1988). Estas formações dos grupos Pindura e Gikoro, que são compostas principalmente

por quartzitos e xistos com arenitos perto da superfície, foram depositadas entre 1375 e 1420

Ma (Theunissen, K., Hanon, M. e Fernandez, M.; 1991 , Fernandez-Alonso et al.,2012). A

Formação Nyabugogo (Ng) é uma unidade dominantemente psamítica com uma espessura

mínima de 700m. A litologia dominante é um metassedimento de grão médio, branco a bege

pálido, que é frequentemente intensamente muscovitizado. A parte inferior da Formação

Musha (Mh) é constituída principalmente por siltitos cinzento-pálido a bege-amarelado

intercalados com leitos de arenito contendo drapeados de argila.

A percentagem de intercalações aumenta gradualmente em direção ao topo da formação, ou

seja, uma alternância repetitiva de metassedimentos e metassiltitos com metapelitos. A escala

de alternância varia de alguns centímetros a alguns metros. Bancos heterogéneos de

quartzitos, bem como unidades mais psamíticas e arcósicas, estão presentes no topo desta

formação.

A parte superior da Musha é constituída por metapelitos azulados que alternam com metassedimentos finos e cinzentos. A espessura da Formação Musha está estimada em cerca de 300 m. As rochas pertencentes à Formação Nduba (Nd) contêm predominantemente quartzitos azuis maciços e leitos de metassedimentos. A espessura da Formação Nduba na área de Rwamagana-Musha-Ntunga foi estimada em cerca de 200 m. Apenas a parte inferior da Formação Bulimbi (Bl) aflora na área de estudo.

A Formação Bulimbi é constituída por xistos negros homogéneos ricos em grafite e pirite, alternando metapelitos cinzentos e metassedimentos beges (Niels Hulsbosch et al., 2017).

Os pegmatitos e os veios de quartzo situam-se perifericamente em torno da intrusão granítica do Lago Muhazi. Foi relatada a presença de veios de quartzo mineralizados com Sn numa série contínua com os pegmatitos, e foi observada uma zonação regional de pegmatitos para pegmatitos ricos em quartzo e veios de quartzo (Varlamoff, 1969). Os veios de quartzo ocorrem esporadicamente nos quartzitos de Nduba, mas mais frequentemente nos leitos de quartzito mais finos situados estratigraficamente na Formação Musha (Varlamoff, 1969). Slatkine (1967) observou que a mineralização mais rica, incluindo as veias de cassiterite de quartzo-muscovite nas minas Musha-Ntunga, está presente nos metassedimentos de pelito-areia relacionados com a Formação Musha. A prospeção e a exploração na área de Musha-Ntunga iniciaram-se na década de 1930.

A área produziu concentrado misto de columbite-tantalite (localmente conhecido como "coltan") e cassiterite por volta de 1934 e 1985. Esta produção dizia basicamente respeito à exploração semi-industrial de depósitos eluviais e aluviais, veios de quartzo e pegmatitos alterados (dados não publicados Minetain, Somirwa). Atualmente, a área é prospectada e explorada pela PIRAN Resources ltd.

Capítulo 2

2. Resultados da investigação

2.1. Pegmatitos mineralizados e veios de quartzo

Os pegmatitos que contêm Nb-Ta-Sn encontram-se na auréola metamórfica de contacto médio e externo do granito fértil e são visivelmente lineares ou lentóides ou cortados por veios de quartzo de centímetros de tamanho (por exemplo, pegmatito NtungaNb-Ta-Sn). Esses pegmatitos variam até a largura de 10 metros e aproximadamente o comprimento de 250 metros (Hulsbosch *et al.*, 2017). Na maior parte da área, esses pegmatitos são concordantes com a foliação regional, mas alguns corpos discordantes e sub-horizontais também são notados.

Normalmente, os pegmatitos são fracamente descascados e amplamente alterados. Os trabalhos mineiros limitam-se à extração artesanal sob a superfície a algumas profundidades inferiores a 25 metros em materiais alterados. A maior parte dos minérios, como a columbite-tantalite, a cassiterite e o tungsténio, existem sob a forma de cristais grosseiros ou agregados (Ahmad, 1995). Outros minerais não siliciosos encontrados nos concentrados de minerais pesados são o rutilo, a ilmenite e a magnetite. Os minerais de fosfato, incluindo ambligonita, wardita e augelita, são notados em algumas ocorrências. Nas grandes ocorrências, o K-feldspato é parcial ou totalmente sujeito a metassomatismo (Fig. 6.A.) e transformado em caulino puro. No entanto, pequenos fragmentos de K-feldspato fresco estão presentes em granitóides frescos (Ahmad, 1995; Dewaele,

Hulsbosch, *et al.*, 2016b).

Nos veios de quartzo com W/Sn, a mineralização de tungsténio está predominantemente presente em veios de quartzo (Fig. 6.C.) e o estanho encontra-se misturado com tantalite columbite em pegmatitos

(Fig.6.A.) ou isoladamente em veios de quartzo (Fig.6.B.).

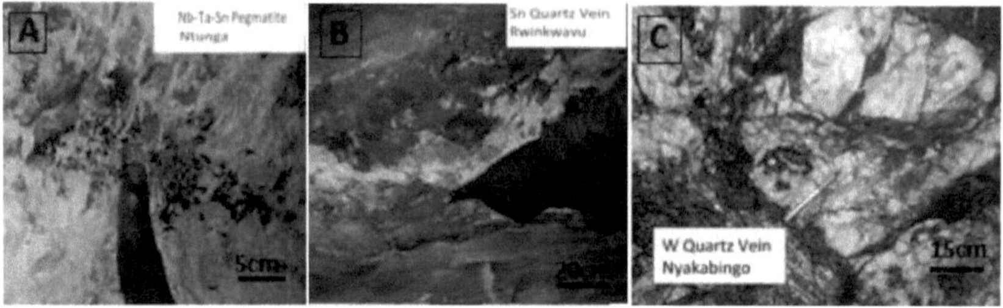

Fig.6: Fotografias de campo tiradas durante a investigação de campo. **A**. Intrusão de alteração argílica avançada de pegmatitos com concentrados de coltan em Ntunga. **B**. Veia de quartzo mineralizada em cassiterite e alojada em xisto em Rwinkwavu. **C**. Veios de quartzo mineralizados em tungsténio e alojados em xisto negro em Nyakabingo

2.2. Isótopos estáveis em depósitos de minério

As análises D/H e $O/^{1816}O$ são aplicações valiosas para determinar a história e a origem do H2O nos fluidos hidrotermais. A composição dos isótopos de hidrogénio e oxigénio foi determinada utilizando as técnicas analíticas padrão de Clayton & Mayeda, (1963) para investigar as origens do fluido hidrotermal da água nas fontes de água magmática primária, metamórfica, meteórica, orgânica e linhas de caulinite (Taylor, 1979).

Os estudos de isótopos estáveis sugerem, portanto, um modelo em que um metal de interesse (por exemplo, Nb-Ta-Sn- W) foi deslocado de rochas magmáticas primárias durante o metassomatismo de sistemas de fluidos hidrotermais metamórficos que poderiam ser gerados após a cristalização dos granitos e pegmatitos. Os minerais de minério foram precipitados em locais estruturalmente controlados, juntamente com a alteração das rochas hospedeiras.

A columbite-tantalite formou-se durante a cristalização dos pegmatitos, seguida de um intenso metassomatismo alcalino que avançou a formação de albite (albitação) e mica branca (Dewaele et al., 2009,2011; observações pessoais Fig.6.A.). O tungsténio foi postulado como tendo origem num fluido maioritariamente trazido por processos metamórficos, no entanto, existe outro modelo que sugere que os fluidos têm uma assinatura magmática (De Clercq *et al.*, 2008; Dewaele *et al.*, 2010).

Sete amostras de quartzo das veias mineralizadas de Nyakabingo, Gifurwe e Rutongo foram investigadas através de estudos de isótopos estáveis para determinar as fontes de fluidos mineralizadores (Pohl & Gunther .1991; Dewaele et al., 2007, De Clercq et al., 2008). A composição isotópica de hidrogénio das inclusões fluidas no interior dos cristais de quartzo e a composição isotópica de oxigénio dos cristais de quartzo foram medidas. As amostras de quartzo foram colhidas à mão e as análises de isótopos estáveis de O&H foram efectuadas no SUERC. As amostras foram analisadas utilizando o procedimento de fluoração e o laser de CO2 como fornecedor de calor. A reprodutibilidade é superior a 0,3% (= 1 σ). Os resultados apresentados correspondem a um desvio de ‰ em relação à norma V-SMOW. O quadro 3 resume os resultados apresentados (Fig.7). As amostras analisadas têm valores quase idênticos δ^{18} O, mas os valores de sigma D divergem consideravelmente, ou seja, entre -30‰ e - 115‰ V-SMOW. A composição δ^{18} O do fluido ambiente a partir do qual os cristais de quartzo precipitaram foi calculada utilizando a equação de Matsuhisa et al.,1979.

Pohl & Gunther(1991) e Pohl (1994) estimaram uma temperatura de formação entre 300°C e 500°C para os cristais de quartzo com base na microtermometria. A composição δ^{18} O do fluido ambiente em equilíbrio com o quartzo foi calculada para as temperaturas de 310°C e 510°C.

Samples	δ D fluid	δ^{18}O Quartz	δ^{18}O Quartz(310°C) (V-SMOW)	δ^{18}O Quartz(510°C) (V-SMOW)
NY06SD01	-53	15.2	8.2	13.1
NY06SD06	-45	14.9	7.1	13.0
NY06SD07	-32	14.4	7.0	12.9
GI06SD02	-90	1.33.64.9		
GI06SD08	-100	0.32.13.5		
GI06SD09	-1122.03.95.2			
RU06SD07	-30.1	14	7.2	12.5

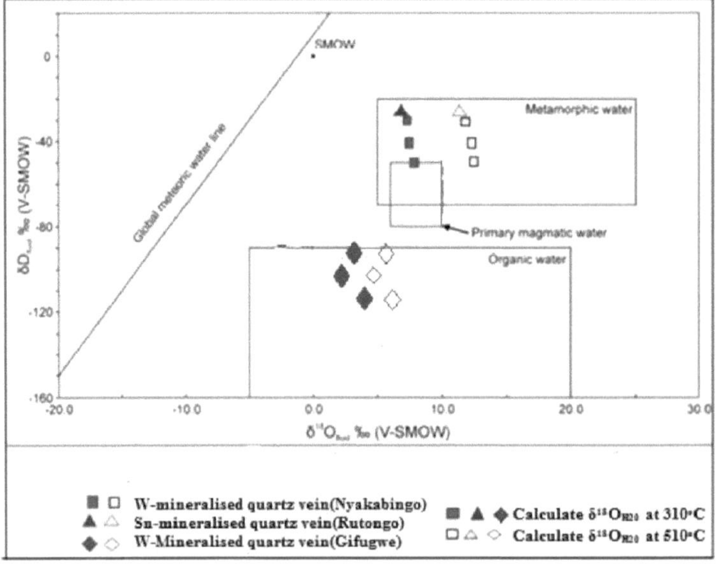

Fig:7: Gráfico isotópico de δ^{18} O-δD para a composição calculada do fluido dos veios de quartzo mineralizados de Nyakabingo, Gifurwe e Rutongo (modificado após Dewaele et al., 2007, De Clercq et al., 2008).

As características isotópicas do hidrogénio e do oxigénio da água foram razoavelmente diagnósticas para a sua fonte, o fluido hidrotermal da água em Rutongo, Nyakabingo indicou a fonte de condições metamórficas, mas Gifurwe foi influenciado pela interação água-rocha do fluido, na sua maioria resultante de ambientes orgânicos (Fig. 7).

2.3. Estudos de isótopos radiogénicos

As principais aplicações da geoquímica dos isótopos radiogénicos podem ser definidas, em grande medida, através da geocronologia, que utiliza a constância da taxa de decaimento radioativo para medir o tempo. Com base em estudos geocronológicos anteriores, as idades jovens de Rb-Sr e^{40} Ar-^{39} Ar para granitos, pegmatitos e veios têm uma caraterização geocronológica relacionada com a formação crustal de África (<~960Ma) (Cahen, 1982,1979; Ikingura, J. R,1992; Romer e Lehmann, 1995). Estas idades resultam muito provavelmente de um reset do sistema radiogénico devido à recristalização ou reequilíbrio térmico durante eventos tectono-termais mais jovens (Pan-africanos) (Tack *et al.*, 2010; Dewaele *et al.*, 2011; Ngaruye, 2011; Dewaele, De Clercq, *et al.*, 2016b). Uma integração das idades de mineralização de 3Ts, ou seja, Nb-Ta sob a forma de tantalite columbite, Sn sob a forma de cassiterite e W sob a forma de volframite, bem como as idades dos granitos parentais relacionados no Ruanda com outros eventos tectónicos ocorridos, são representadas na Fig. 8.

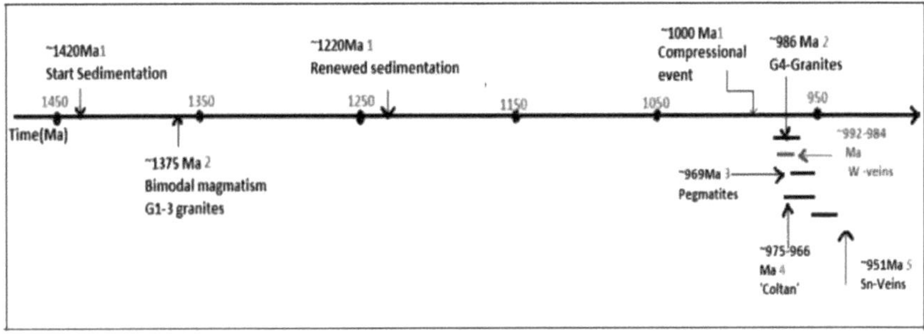

Fig:8: Dados isotópicos radiogénicos no Ruanda (integrado após Fernandez-Alonso et al.,2012,Tack et al.,2010,Brinckmann&Lehmann,1983; Dewaele et al.,2011; Brinckmann et al.,1994).

A cintura intracontinental do Kibaran evoluiu na orogenia paleo-mesoproterozóica entre 1400 e 900 Ma (Pohl&Gunther.,1991), mais tarde a cintura do Kibaran foi intrudida por numerosos corpos graníticos formando o granito G4 (granito fértil) a 986 +10 Ma. O granito posterior foi seguido pela colocação de pegmatitos e pegmatitos graníticos a ~970 Ma. Os metais graníticos de terras raras foram precipitados e depositados em várias ocorrências de mineralização 3Ts entre 986 e 951 Ma (Fig. 8).

2.4. Microtermometria de inclusão de fluidos

Ao centrarmo-nos nas inclusões fluidas capturadas nas veias hidrotermais, temos uma imagem melhor do que a anterior sobre a natureza dos processos e fluidos mineralizadores que formaram os depósitos minerais. Uma nova forma de estudar minerais com grandes inclusões fluidas, muitas vezes de grão grosseiro, foi encontrada nas técnicas de microtermometria e análise química em massa (Sorby, 1858).

A ideia era uma forma de analisar amostras de minerais com grandes inclusões fluidas, muitas vezes de granulometria grosseira, absolutamente compatível com as técnicas de aprendizagem da microtermometria e da análise química a granel, de acordo com o pai renascentista da investigação sobre inclusões fluidas, Henry Clifton Sorby.

No seu trabalho habitual, Sorby (1858) descreveu amostras de depósitos de minério com inclusões fluidas e tirou conclusões sobre a formação de minério que permaneceram impopulares durante muitos anos.

Os veios de quartzo mineralizados de estanho e tungsténio em Rutongo e Nyakabingo, respetivamente, formaram-se a partir de fluidos que tiveram a mesma origem magmática primária e uma evolução semelhante (Pohl & Gunther 1991).

A composição gasosa dos gases azoto e metano (N2 e CH4) e a temperatura do fluido de mineralização do tungsténio (W) (~300° C) indicam relativamente condições metamórficas (Roedder , 1984; Kilias e Konnerup-Madsen, 1997; O'Reilly, Gallagher e Feely, 1997; Huff e Nabelek, 2007).Com base num contexto geológico semelhante e numa paragénese e composição de inclusões fluidas comparáveis, Dewaele et al. (2007) determinaram a composição isotópica de oxigénio e hidrogénio de veios de quartzo mineralizados com estanho de Rutongo (Ruanda). Os valores de δ^{18} O-δD dos fluidos de mineralização de estanho também se situam no campo típico da água metamórfica (Dewaeleet al 2007; De clercq et al., 2008) .

Pohl & Gunther (1991) e Pohl (1994) postularam que a mineralização de tungsténio em Nyakabingo se formou a partir de um fluido H O-CO -CH$_{2242}$ -NaCl -Ncaracterizado pela salinidade (7,44-99. eq. wt.% NaCl), alta pressão (~100MP) e temperaturas mesotérmicas (~300° C), semelhante a outros depósitos de Sn predominantemente compostos por fluidos gasosos de CO2, N2 e CH4 menor. De acordo com estes autores, o fluido mineralizador era um fluido magmático primário (G4-granito).

No entanto, a análise de isótopos estáveis de cristais de quartzo da cintura de tungsténio de Gifurwe e Nyakabingo indica condições metamórficas (Hoefs 2004; Dewaele 2007).

Além disso, a principal fase de cassiterite presente nos greisens, com base em observações petrográficas, não era claramente uma fase líquida magmática primária, mas cristalizou-se mais tarde durante a alteração metassomática. Estes fluidos metassomáticos são geralmente interpretados como fluidos de baixa temperatura entre 250° C e 450 °C (Kontak e Kyser, 2009).

No Rutongo, o estudo da microtermometria de inclusões fluidas de veios de quartzo e cassiterite revelou os quatro tipos 1 a 4 (Tabela 4), e a temperatura total de homogeneização situou-se entre 247°C e 341 °C. Assim, as inclusões fluidas primárias no quartzo e na cassiterite concentraram-se na composição H2O-CO2-CH4-NaCl com salinidade moderada (2,9-14,2 %NaCl) (Pohl & Gunther 1991.; De clercq.,2012; Tabela 4).

Tabela 4: Temperaturas totais de homogeneização e dados de composição de inclusões fluidas em cristais de quartzo e cassiterite de veios de quartzo mineralizados de Sn na área de Rutongo (após Gunther.,1991) . São apresentadas a salinidade calculada por Gunther (1991) e a salinidade recalculada por De clercq (2012).

TypeCharacteristics
Sn1A-C quartz and Cassiterite
$V_{gas\,phase}$: 20-85%
$T_{h,tot}$: 247-341 °C
Gas phase: Liquid CO_2+CH_4+?
Salinity: ~~6.6-17.6~~ ≠ 2.9-14.2 mass% NaCl
Type: H2O-CO2-CH4-(X)-NaCl-X
Sn1D-E quartz and cassiterite
$V_{gas\,phase}$: 15-30%
$T_{h,tot}$: 233-346 °C

Gas phase: mainly gaseous CO_2+?

Salinity: ~~11.7-14.8~~ ≠4.6-12.1 mass% NaCl

Type: H_2O-CO_2-(X)-$CaCl_2$-NaCl-X

Solid inclusion:calcite,graphite

Sn2 quartz and cassiterite

   V $_{gas\,phase}$: 5-15%

$T_{h,tot}$: 199-303 ^{o}C

Salinity: **13.2-19.7**≈ 11.8-18.9 mass% NaCl

Type: H_2O-(CO_2-X)$CaCl_2$-NaCl

Solid inclusion: calcite, muscovite?

Sn3   quartz

   V $_{gas\,phase}$: 5%

$T_{h,tot}$: 80-257 ^{o}C

Salinity:/

Type: H_2O

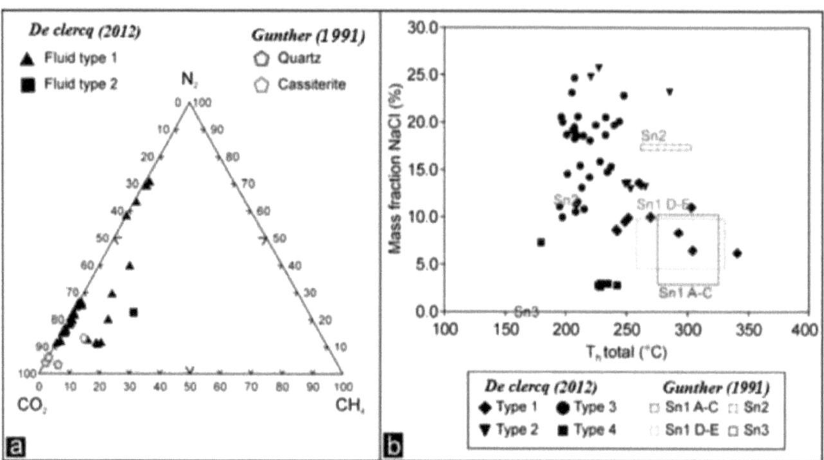

Fig:9: (a) Diagrama ternário CO2-N2-CH4 mostrando a composição da fase gasosa de inclusões fluidas de cristais de quartzo e cassiterite em veios mineralizados de Sn da área de Rutongo por Gunther (1991) e De clercq (2012). **(b)** Gráfico de dispersão de T ,htot versus Salinidade de fluidos de veios de quartzo mineralizados com Sn da área de Rutongo no Ruanda, por Gunther (1991) e De clercq (2012).

Capítulo 3

3. Conclusão

Os depósitos de minério de nióbio-tântalo, estanho e tungsténio são as principais mineralizações relacionadas com o granito no Ruanda. Os granitos G1-3, que se formaram a 1380 ± 10 Ma, não demonstram qualquer concentração economicamente significativa de metais raros. Por outro lado, a geração de granito G4, que se formou a 986 ± 10 Ma, está relacionada com depósitos de minérios de metais raros e, por isso, é chamada de granito fértil. A sua colocação foi seguida pela colocação de pegmatitos a 969 ± 8 Ma.

Os chamados granitos férteis, ou granitos G4, estão associados à formação de pegmatitos mineralizados de metais raros/veios de quartzo por movimento hidrotermal. No Ruanda, as mineralizações de nióbio-tântalo (Nb-Ta), estanho (Sn) e tungsténio (W) ocorrem principalmente em pegmatitos e veios de quartzo.

Os metais estão presentes em várias formas de mineralização; como mineralização primária, encontram-se em pegmatitos, veios de quartzo e greisens; mas como mineralização secundária, ocorrem em depósitos aluviais ou eluviais. Os depósitos de minerais de minério são considerados anomalias na terra e fornecem-nos as provas mais claras de acontecimentos passados, como o fluxo de soluções através de fracturas, falhas e rochas porosas que dissolveram, transportaram e concentraram elementos de valor económico.

Os veios de quartzo mineralizados com estanho e tungsténio em Rutongo e Nyakabingo formaram-se ambos a partir de fluidos que tiveram a mesma origem magmática primária e uma evolução semelhante. Em 2010, Dewaele et al. determinaram a composição isotópica de oxigénio e hidrogénio de veios de quartzo mineralizados com estanho de Rutongo (Ruanda) e interpretaram a sua génese com base em cenários geológicos relacionados, paragénese comparável e composição de inclusão de fluidos. Os valores de $\delta^1 8O$-δD dos fluidos de mineralização do estanho também se situam na gama típica da água metamórfica.

Tal como no exemplo de Gatumba (Ruanda), a columbite-tantalite formou-se durante a cristalização de pegmatitos seguida de intenso metassomatismo alcalino ou de alteração argílica avançada, ou seja, um grande aumento de albite para caulino e mica branca. No entanto, a maior parte da mineralização de cassiterite está condensada em zonas ligadas a alterações filílicas. Dois modelos sobre as origens dos fluidos mineralizadores (fluidos magmáticos hidrotermais e metamórficos) no Ruanda foram bem documentados por diferentes autores, mas a evolução do fluido mineralizador é ainda mal conhecida.

Agradecimentos

Os autores agradecem aos organizadores e oradores do 4º curso curto da SGA sobre metalogenia africana realizado em Kigali, Ruanda. Os nossos agradecimentos são devidos à Direção de Minas, Petróleo e Gás do Ruanda, ao Ministério dos Recursos Naturais do Ruanda e a várias empresas mineiras por fornecerem informações relevantes úteis para a preparação deste manuscrito.

O programa de doutoramento do Sr. Jean de Dieu-Ndikumana está a ser financiado pela União Africana através da Universidade Pan-Africana, Instituto de Ciências da Vida e da Terra (incluindo saúde e agricultura). Os revisores são muito apreciados.

REFERÊNCIAS

Ahmad, M., 1995. Genesis of tin and tantalum mineralization in pegmatites from the Bynoe area, Pine Creek Geosyncline, Northern Territory.Aust. J. Earth Sci. 42, 519-534.

Baudet, D., Hanon, M., Lemonne, E., Theunissen, K., Buyagu, S., Dehandschutter, J., Ngizimana, W., Nsengiyumva, P., Rusanganwa, J.B., Tahon, A., 1988. Lithostratigraphie du domainesëdimentaire de la chaıneKibarienne au Rwanda.Annales de laSociëtëGëologique de Belgique v. 112, pp. 225-246.

Baudin B.,Zigirababili J., Ziserman A., Petricec V., 1982. Carte des gıtesmineraux du Rwanda.Ministëre des ressourcesnaturelles(MIRENA), RëpubliqueRwandaise, Kigali, 1/250 000

Bertossa, A., 1967. Inventaire des miıreraux du Rwanda. Bull. Serv. Gëol. Rwanda. 4, 25-45.

BNR, 2017. As estatísticas do comércio externo relativas às exportações anuais incluem a cassiterite, o coltan e a volframite no Ruanda.

Brendan M. Laurs et al., 1998. Geological setting and petrogenesis of symmetrically zoned, miarolitic granitic pegmatites at Stak Nala, Nanga Parbat-Haramosh Massif, northern Pakistan . The canadian Mineralogist,V.36,i.l,p.1-47.

BRGM, 1987. Plan mıık'ral du Rwanda (relatório não publicado). Direção de Minas, Petróleo e Gás do Ruanda, p. 322

Brinckmann, J., Lehmann, B., 1983. Exploration de la bastnaësite-monacitedans la region de Gakara, Burundi. Rapport sur la phase 1. Relatório não publicado, Bujumbura/Hannover, 157 pp.

Brinckmann J, Lehmann B, Timm F., 1994. Mineralização de ouro proterozóico no noroeste do Burundi. Ore Geol Rev9:85-103

Cahen, L, Ledent, D., 1979. Precisionssurl'age, la petrogeneseet la position stratigraphique des "granites aetain" de l' est de l'AfriqueCentrale. Bull. Soc. Belg. Geol. 88, 33-49.

Cahen, L., 1982. Correlação geocronológica das sequências do Pré-Cambriano tardio nas zonas estáveis da África equatorial e em torno delas. Precambrian Res. 18, 73-86.

Cerny, P. e Ercit, T.S., 2005. The classification of granitic pegmatites revisited. The Canadian Mineralogist, 43(6).

Clayton R.N., Mayeda T.K., 1963. A utilização de pentafluoreto de bromo na extração de oxigénio de óxidos e silicatos para análise isotópica.Geochim.Cosmochim.Ata. 27, 43-52

Clifford, T.N., Kennedy, W.Q. e Gass, I.G., 1970. African magmatism and tectonics: a volume in honour of WQ Kennedy. Hafner Pub. Co.

De Clercq, F., Muchez, Ph., Dewaele, S., & Boyce, A.,2008.A mineralização de tungsténio em Nyakabingo e Gifurwe (Ruanda): Resultados preliminares. Geol. Belgica. 11, 251-258.

De Clercq, F., 2012. Metalogénese de depósitos do tipo veios de Sn e W na cintura de Karagwe-Ankole (Ruanda). Tese de doutoramento. KatholiekeUniversiteit Leuven.

Dewaele, S., 2007.Cassiterite e mineralização de columbite em pegmatitos da parte norte do Kibaraoregn (Central Aftica): a área de Gatumba (Ruanda). In Irish Association for Economic Geology Proceedings. 2, 1489-1492.

Dewaele, B., Fitzsimons, I.C.W., Wingate, M.T.D., Tembo, F., Mapani, B., 2009. O enquadramento geocronológico da Cintura de Irumide da Zâmbia: uma história crustal prolongada ao longo da margem do Cratão de Bangweulu. Jornal Americano de Ciência 309, 132-187

Dewaele,S., De clercq,F., Muchez,Ph., Schneider,J., Burgess,R., Boyce,A., Fernandez-Alonso,M.,2010. Geologia da mineralização de cassiterite na zona de Rutongo, Ruanda (África Central): Estado atual do conhecimento. Geol. Belgica. 13, 91-112

Dewaele,S.,Henjes-kunst,F., Melcher,F., Sitnikova,M., Burgess,R., Gerdes,A., Fernandez-Alonso,M., De clercq,F., Muchez,Ph., Lehmann,B.,2011. Sobreimpressão neoproterozóica tardia dos pegmatitos com cassiterite e columbite-tantalite da área de Gatumba, Ruanda (África Central). J. Afr. Earth. Sci. 61, 10-26

Dewaele, S., Hulsbosch, N., Cryns, Y., Boyce, A., Burgess, R. e Muchez, P., 2015. Geological setting and timing of the world-class Sn, Nb-Ta and Li mineralization of Manono-Kitotolo (Katanga, Democratic Republic of Congo). Ore Geology Reviews, 72, pp.373-390.

Dewaele, S., De Clercq,F., Hulsbosch,N., Piessens,K., Boyce,A., Burgess,R., Muchez,Ph.,2016a. Gênese da mineralização de tungstênio do tipo veia em Nyakabingo (Ruanda) no cinturão Karagwe-Ankole. África Central. Miner Deposita. 51, 283-307.

Dewaele, S., Hulsbosch , N., Boyce ,A., Burgess, R., Muchez,Ph., et al., 2016b. Geological setting and timing of the world-class Sn, Nb-Ta and Li mineralization of Manono-Kitotolo (Katanga, Democratic Republic of Congo). Ore. Geol. Rev. 72, 373-390.

Edson S. Bastin, 1911. geology of the pegmatites and associated rocks of maine, bulletin 445, washington government printing office

Fernandez-Alonso, M. &Theunissen, K., 1998. A geofísica e a geoquímica aerotransportadas fornecem informações sobre a evolução intracontinental da cintura mesoproterozóica de Kibaran (África Central). Revista Geológica, 135: 203-216.

Fernandez-Alonso, M., Tack, L., Tahon, A., Laghnouch, M. & Hardy, B., 2007.Geological compilation of the MesoproterozoicNortheasternKibara (Karangwe - Ankole) Belt. Museu Real da África Central, Tervuren, Bélgica, escala 1/500.000.

Fernandez-Alonso, M., Cutten,H., De Waele B., Tack,L., Tahon,A., Baudet,D., Barritt,S.D., 2012. O Cinturão Mesoproterozóico Karagwe-Ankole (anteriormente o Cinturão NE Kibara): The result of prolonged extensional intracratonic basin development punctuated by two short-lived far-field compressional events', *Prec Res*. Els B.V., 216-219,. 63-86.

Gerards J (1965). Gdologie de la region de Gatumba. Bull Service Creol Rwandaise, 2, 3142.

Gubanov, A.P. and Mooney, W.D., 2009, dezembro.New global geological maps of crustal basement age.In AGU Fall Meeting Abstracts.**Hoefs, J., 2004.**Stable isotope geochemistry, 5th revised and updated edition. Springer, Berlim, 244 p

Hulsbosch, N., Van Daele, J., Reinders N., Dewaele, S., et al., 2017. Controle estrutural sobre a colocação de pegmatitos LCT mineralizados contemporâneos Sn-Ta-Nb e veias de quartzo contendo Sn: Insights dos depósitos Musha e Ntunga do Cinturão Karagwe-Ankole, Ruanda. J. Afr. Earth Sci. 134, 24-32.

Huff, T. A. e Nabelek, P. I., 2007. Produção de fluidos carbónicos durante o metamorfismo de pelitos grafíticos num orogénio colisional - Uma avaliação a partir de inclusões fluidas, *Geo et Cos Ata*, 71(20), 4997-5015.

Ikingura, J., 1992. $^{40}Ar^{39}$ Ar datação de micas de granitos do NE Kibaran Belt (Karagwe-Ankolean), NW Tanzânia. J. Afr. Earth Sci. 15, 501-511.

Kilias, S. P. e Konnerup-Madsen, J., 1997. Fluid inclusion and stable isotope evidence for the genesis of quartz-scheelite veins, Metaggitsi area, central Chalkidiki Peninsula, N. Greece", *Min Dep*, 32(6), 581-595.

Kontak, D.J., Kyser, T.K., 2009. Natureza e origem de um pegmatito LCT-suite com enriquecimento de sódio de última geração, Lago Brasil, Condado de Yarmouth, Nova Escócia. II. Implicações dos isótopos estáveis (δ^{18} O, δD) para a origem do magma, cristalização interna e natureza do metassomatismo do sódio. Can. Mineral.47, 745-764.

London, D. e Kontak, D.J., 2012. Pegmatitos graníticos: maravilhas científicas e bonanças económicas. Elements, 8(4), pp.257-261.

Lecumberri-Sanchez, P., Vieira, R., Heinrich, C.A., Pinto, F. e Walle, M., 2017.A interação fluido-rocha é decisiva para a formação de depósitos de tungsténio. Geologia, 45(7), pp.579582.

MA Ali et al., 2005. Radioatividade e mineralogia de alguns corpos de pegmatitos dos granitos de Gabal Al- Farayid, Deserto do Sudeste, Egipto.

Matsuhisa Y, Goldsmith J.R, Clayton RN, 1979. Fracionamento isotópico do oxigénio no sistema quartzo-albita-anortosita-água.GeochimCosmochimActa 43:1131-1140

Minirena, 2012. A exploração mineira no Ruanda (arquivos não publicados)

Muchez, P., Hulsbosch, N., Dewaele, S., 2014.Mapeamento geológico e implicações para a prospeção de Nb- Ta, Sn e W no Ruanda.Meded.Zittingen K. Acad. Overzeese Wet. 60,

515-530.

Ngaruye, J.C., 2011. Investigação petrográfica e geoquímica de pegmatitos Sn-W-Nb-Ta- e veios de quartzo mineralizados no sudeste do Ruanda. Dissertação de Mestrado. Universidade do Estado Livre. Bloemfontein, África do Sul.

O'Reilly, C., Gallagher, V. e Feely, M., 1997. Fluid inclusion study of the Ballinglen W-Sn-sulphide mineralization, SE Ireland, *Min Dep*, 32(6), 569-580. .

Pohl, W., 1987.Metallogeny of the northeasternKibaran belt, Central Africa. Geol. J.22, 103119.

Pohl, W., 1994.Metallogeny of the northeasternKibara belt, Central Africa-Recent perspectives. Ore. Geol. Rev. 9, 105-130.

Pohl, W., Giinther, M.A., 1991. A origem dos depósitos de veios de quartzo de estanho, tungsténio e ouro de Kibaran (final do Proterozoico Médio) na África Central: um estudo de inclusões fluidas. Min. Deposit. 26, 51-59.

Roedder, E., 1984.Fluid inclusions.Reviews in mineralogy, 12, Mineralogical Society of America.

Romer, R.L., Lehmann, B., 1995.U-Pbcolumbite age of Neoproterozoic Ta-Nb mineralization in Burundi.Econ.Geol.90, 2303-2309.

Safari, B., 2010.A review of energy in Rwanda (Uma análise da energia no Ruanda). Renewable Sustainable Energy Rev. 14,

524-529.

Schtitte, P., 2014. Rwanda tin production country profile, em DERA (Agência Alemã de Recursos Minerais),Tin - Supply and Demand until 2020, DERA natural resources information series no. 20 (traduzido; original em alemão).

Sorby, H.C., 1858. On the Microscopical, Structure of Crystals, indicating the Origin of Minerals and Rocks. Quart. J. Geol. Soc. Lond. 14, 453-500.

Tack, L., Fernandez-Alonso, M., De Waele, B., Tahon, A., Dewaele, S., Baudet, D., Cutten, H., 2006. A Cintura do Nordeste do Kibaran (NKB): uma história intraplaca proterozóica de longa duração. In: 21º Colóquio de Geologia Africana (CAG21), 03-05.07.2006, Maputo, Moçambique, Volume de resumos, pp. 149-151

Tack, L., Wingate, M.T.D., DeWaele, B., Meert, J., Belousova, E., Griffin, B., Tahon, A., Fernandez-Alonso, M., 2010. O "evento Kibaran" de 1375 Ma na África Central: emplacement proeminente de magmatismo bimodal em regime extensional. Precambrian Res. 180, 63e84.

Taylor, R.G., 1979. Geology of Tin Deposits.Developments in Economic Geology II.

Theunissen, K., Hanon, M., Fernandez Alonso, M., 1991. Carte G_eologique du Rwanda, 1:200 000. Service G_eologique, Minist_ere de l· Industrie et de l'Artisanat, R_epublique Rwandaise.

Definição de pegmatite **do USGS**, recuperado em 2009-08-28

Varlamoff, N., 1969. Transições entre os filões de quartzo e os pegmatitos estaníferos da região de Musha-Ntunga (Ruanda). Ann. Soc. Geol. Belg. 92, 193-213

Printed by Books on Demand GmbH, Norderstedt / Germany